TECHNIKEN DER KREATIVITÄT

Klaus-P. Lührs

BÜCHER BINDEN & REPARIEREN

TECHNIKEN DER KREATIVITÄT

Klaus-P. Lührs

BÜCHER BINDEN & REPARIEREN

INHALT

Bücher binden und reparieren

Es lässt sich nicht verhindern. Wer Bücher besitzt und liebt, hat auch solche, die im Laufe der Zeit so oft benutzt wurden, dass sie nicht mehr ganz neu aussehen. Der Einband ist beschädigt, Seiten sind zerknickt oder herausgerissen, der Buchrücken ist gebrochen oder er zeigt nicht besonders schöne Gebrauchsspuren...

Und weil ein Buch ein Wertobjekt, manchmal auch ein sehr kostbares Erinnerungsstück oder Antiquariat ist, sollte es selbstverständlich sein, dass es wieder in einen ordentlichen, gebrauchsfähigen Zustand versetzt wird. Das alles ist möglich, es stellt sich nur die Frage nach dem Wie. Soll es konserviert, repariert oder restauriert werden? Da dafür jeweils ein unterschiedlicher Zeit- und Kostenaufwand zu berücksichtigen ist, ist diese Entscheidung zuerst zu treffen.

Für ein nicht so wertvolles Buch ist eine Konservierung zu empfehlen. Es wird optisch überarbeitet, also gereinigt und auf Fehler durchgesehen. Dazu gehört auch das Einkleben herausgerissener Seiten, Ausbügeln von Falten etc.

Eine Reparatur ist zweckmäßig, wenn beispielsweise der Buchrücken beschädigt ist und somit die Gefahr besteht, dass das Buch auseinanderfällt. Sinnvoll könnte es dann sein, auch den Buchumschlag zu erneuern. Dadurch würde die Stabilität und damit der Zusammenhalt des Buches insgesamt verbessert werden.

Nicht nur zum optischen Aufbessern, sondern auch für den praktischen Gebrauch ist eine Restauration am besten. Bei einer Restauration wird der Originalzustand des Buches wieder so hergestellt, wie er einmal war. Dafür gibt es einen wichtigen Grundsatz: Das Buch wird möglichst mit den gleichen Materialien instand gesetzt aus denen es besteht, also mit Papier, Karton, Kleber, Gaze etc.

Aus den Erkenntnissen der letzten Jahrzehnte heraus ergibt sich dafür ein Anwendungsritual, das etwas sehr Wichtiges berücksichtigt: Eine solche Restauration erfolgt so, dass sie jederzeit wiederholt, also erneut durchgeführt werden kann. Aus diesem Grund wird das Buch zuerst in seine Urbestandteile zerlegt und anschließend nach dieser Methode neu zusammengebaut.

Ausgehend von der Erfahrung, dass Theorie und Praxis sich oft wesentlich unterscheiden, habe ich die Reihenfolge des Buches so gewählt, dass ich Ihnen zuerst verrate, wie Sie selbst ein Buch mit der bewährten Fadenheftung ‚zusammenbauen'.

Das bietet den Vorteil, dass Sie dieses Wissen auch für eine Reparatur oder Restauration eines Ihrer anderen Bücher nutzen können.

Für diese handwerkliche Arbeit benötigen Sie einige Werkzeuge und Hilfsmittel, die sich zum größten Teil schon in Ihrem Haushalt befinden.

Material und Werkzeuge für das Reparieren und Neubinden

BACKPAPIER (Silikonpapier)

Bei Klebearbeiten ist ein nicht haftendes Trennpapier (Silikonpapier) zu verwenden, das beim Buchbinden universell eingesetzt werden kann.

BIENENWACHS

Es genügt eine kleine Kerze, an der der Zwirn entlang gezogen und dadurch mit Wachs behaftet wird. Dadurch lässt er sich leichter binden und verknoten. Durch das Wachs wird außerdem ein Zurückrutschen beim Anfertigen des Knotens verhindert.

BUCHBINDERAHLE

Sie benötigen außerdem eine stabile Ahle mit Holz-Rundknauf zum Vorstechen der Löcher in den Papierseiten für die Fadenheftung.

BUCHBINDERGAZE (80 mm breit)

Dabei handelt es sich um ein grobmaschiges Leinenzwirngewebe, das mit und ohne Papierschicht erhältlich ist. Es wird mit Buchbinderleim direkt auf den Buchrücken aufgeklebt und sorgt für einen festen, elastischen Zusammenhalt der Buchseiten und des Buches.

BUCHBINDERLEIM

Für das schnelle und sichere Verkleben von Papier und Pappe, Papier mit Stoffgaze oder Leinengewebe, für eine Blockklebung, zum Kaschieren, Ableimen etc. wird ein auf wässriger Basis klebender, säurefreier Dispersionsklebstoff verwendet, der farblos und leicht elastisch auftrocknet.

BUCHBINDERMESSER und Schneidcutter

Während anstelle eines speziellen Buchbindemessers auch ein langes Haushaltsmesser mit langer, glatter Klinge zum Trennen gefalzter Papierbögen verwendet werden kann, wird ein schmaler Cutter für das Ritzen oder Ausschneiden von Papier- oder Pappflächen benötigt. Geeignet ist dafür beispielsweise auch ein Passepartoutmesser.

BUCHBINDERNADELN

Für das Anfertigen einer Fadenheftung benötigen Sie stabile, aus Stahl hergestellte Buchbindernadeln in gerader und gebogener Ausführung:

gerade:	6 mm dick	6,5 cm lang
gebogen:	6 mm gebogen	4,0 cm lang

BUCHBINDERZWIRN

Das ist ein rohweißer, satin-glänzender Dreifachzwirn, auch Leinenzwirn bzw. Heftzwirn genannt, der für die manuelle Fadenheftung gebraucht wird. Die Oberfläche des Zwirns ist extra glatt, weshalb er beim Heften vieler Papierlagen nicht ausfranst und ein sauberes Aussehen behält. Wird der Faden an einem Stück Bienenwachs entlanggezogen, bleibt eine kleine Wachsmenge daran haften. Sie macht die Zwirnfläche rauer, was beim Durchfädeln und Verknoten vorteilhaft ist.

BUCHDECKEL

Dafür eignet sich Graupappe oder stabiler Tonkarton. Beide sind in den Stärken von 1,5 und 3 mm erhältlich. Während kleine Bücher mit einem dünneren Karton auskommen, ist ein dickerer für großformatige Bücher obligatorisch.

EINBANDPAPIER

Für das Einbinden der Bücher wird ein bedrucktes oder kaschiertes Papier verwendet (Achat-, Marmor- oder Buntpapier 110 – 140 g/m²). Außerdem gibt es farbige Überzugspapiere, deren Struktur und Haptik die Wertigkeit eines Buches ausdrucksvoll mit beeinflussen. Stark strapazierte Bücher werden vorsorglich mit beschichtetem Papier oder einem Textileinband überzogen.

FALZBEIN (auf einer Seite geschliffen und etwas abgerundet)

Das Falzbein sollte nicht zu groß, dafür handlich (ca. 120 mm lang und 20 mm breit), vorne spitz und hinten abgerundet sein.

FILZ-/MOOSGUMMIPLATTE

Beim Einstechen der Löcher in das Papier ist es wichtig, dass dieses auf einer weichen Unterlage liegt. Dafür eignet sich wahlweise eine ca. 12 – 15 mm dicke Filz- oder 6 – 8 mm dicke Moosgummiplatte im Format 20 x 25 cm.

HEFTBAND (Satin-, Baumwoll- oder Leinenband (Geschenkschleife)

Weißes oder hellfarbiges Satinband (10 – 12 mm breit) wird als Halterung durch die am Buchrücken entstandene Fadenbindung hindurchgezogen. Die dafür etwas länger zugeschnittenen Heftbandenden werden danach mit den Buchdeckeln verklebt und sichern damit einen scharnierartigen Zusammenhalt mit dem Buchblock.

KAPITALBAND

Damit die Lücke zwischen Buchblock und Buchrücken etwas verdeckt (geschlossen) wird, wird ein kleines, kunstvoll gewebtes Band mit Zierkante (ca. 8 mm breit) oben und unten an die Bindung des Blockrückens angeleimt.

LEIMPINSEL

Es wird jeweils ein schmaler und ein breiter Pinsel mit weichen Pinselhaaren benötigt.

LESEZEICHENBAND

Gewebtes oder geflochtenes Baumwollband, 2 – 3 mm breit, das als Bookmark so auf den Buchblock aufgeklebt wird, dass das andere, ca. 20 cm lange Ende zwischen die Seiten des Buches gelegt wird.

PAPIERSCHERE

Für Papierarbeiten gibt es Spezialscheren, beispielsweise 150 mm lang mit einer Schnittfläche von 60 mm oder größere mit Längen von 250 cm etc.

SCHNEIDUNTERLAGE

Weil beim Reparieren und Binden von Büchern zahlreiche Schneidarbeiten mit einem Cutter anfallen, ist es sinnvoll, dafür eine 3 mm dicke Arbeitsmatte mit selbstheilender Oberfläche zu verwenden. Vorteilhaft ist außerdem, dass Schnittverletzungen in der Oberfläche kaum sichtbar werden. Dafür gibt es Matten in unterschiedlichen Größen, wobei das Format A3 (450 x 300 mm) am gebräuchlichsten ist.

STAHL- ODER ALUMINIUMLINEAL
50 cm lang

Als Anlegehilfe beim Schneiden eignen sich Lineale aus Aluminium am besten. Dabei wird die rückseitige Kante des Lineals, die auch dicker ist, als Anlegefläche bevorzugt verwendet.

VORSATZPAPIER

Das Vor- und Nachsatzpapier (120 – 140 g/m^2) wird als Bindepapier vorne und hinten mit dem Buchdeckel zum technisch sicheren Einkleben des Buchblocks verwendet. Dazu wird das DIN A4-Blatt in der Mitte gefaltet, wodurch es das Aussehen einer in der Mitte gefalzten Doppelseite bekommt.

BUCHBINDERPRESSE

Ein unentbehrliches Werkzeug für das Buchbinden, Reparieren und Restaurieren. Die stabile Buchpresse besteht aus zwei Sperrholzplatten 160 x 60 x 6 mm, die jeweils mit 4 Löchern und darin befindlichen 60 mm langen Edelstahlschrauben mit dazu passenden Flügelmuttern geliefert werden.

Die Spannbreite berücksichtigt die meistgängige Buchdicke bis zu 45 mm.

Ein Buch binden…

Es gehört einfach dazu, einige Bücher zu besitzen und sie im Wohnzimmer im Bücherschrank allen Besuchern präsentieren zu können. Das war gestern so und ist es auch heute noch, auch wenn immer wieder zu lesen ist, dass der Büchergebrauch zurückgeht. Ein Leben ohne Bücher – wer mag sich das vorstellen? Deshalb ist es verständlich, wenn nach wie vor großer Wert darauf gelegt wird, aktuelle Bücher zu lesen und sich mit interessanten Titeln zu umgeben.

Daneben werden Bücher für Notizen, zum Sammeln von Fotos, Bildausschnitten aus Zeitungen oder Pflanzen, als Tagebücher, zum Scrapbooking, als Fachliteratur, Reiseführer, Stadtbeschreibungen oder Anleitungen für das Smartphone oder den Computer etc. verwendet. Aus einem Buch können Sie selbst ein kostbares Antiquariat machen, ähnlich wie die kostbaren alten Bücher, die früher noch von Hand gebunden wurden.

Deshalb ist es nicht verwunderlich, dass das Interesse am Buchbinden in den letzten Jahren stark zugenommen hat. Das bestätigen die vielen Beispiele selbst gebundener Bücher – Spuren einer sorgfältigen Handarbeit, die der Hobbybuchbinder beim Herstellen seiner Bücher hinterlässt. Spürbar sind danach auch der Aufwand und die Ausdauer, die mitgeholfen haben, ein solches Buch selbst herzustellen. Es ist eine herausfordernde Aufgabe, ein Buch so zusammenzustellen und zu binden, dass es so wertvoll aussieht wie die alten Konversationslexika aus dem Bücherschrank des Großvaters.

Eigentlich gehört das Binden eines Buches in den Kunst- oder Werkunterricht der Schulen, allein schon deshalb, weil die damit verbundenen Arbeiten sehr vielfältig und interessant sind. Es gibt wohl kaum eine andere Technik, die so viele unterschiedliche Handarbeiten erfordert und deshalb auch zum Lernen und Sammeln neuer Erkenntnisse einlädt.

Und das, was dann dabei herauskommt, motiviert – besonders die, die am Anfang dieser Aufgabenstellung skeptisch gegenüberstanden. Viele von ihnen waren so von ihrem ersten selbst gebundenen Buch begeistert, dass sie zu Hause gleich das nächste gebunden haben. Beispielsweise ein Tagebuch, einen Gedichtband für die eigenen, selbst erdachten und geschriebenen Verse oder ein Buch über den letzten Urlaub, das zusätzlich auch noch mit selbst gemachten Fotos ausgeschmückt werden kann.

Und weil das alles erst erprobt und erlernt werden muss, sollen hier nicht nur unterschiedliche Möglichkeiten zum Anfertigen von Büchern, sondern auch eine praktische Reihenfolge der zu vollbringenden Tätigkeiten aufgezeigt werden, damit Sie nach dieser Systematik alle wichtigen Techniken dieser Kunst kennenlernen und selbst nachvollziehen können.

Jedes Buch besteht aus zwei Grundelementen: dem Buchblock und der Buchdecke (Bucheinband). Und weil es im Leben immer zwei Gegensätze gibt (z. B. dunkel und hell) gibt es auch beim Buchbinden zwei unterschiedliche Herstellungsmethoden:

- die Fadenheftung
- und die Klebebindung.

Das Entscheiden für eine dieser Techniken ist oft auch für den versierten Buchbinder schwierig. Die Entscheidung hängt meistens von verschiedenen Faktoren ab. Grundsätzlich kann man sich für jede dieser Bindungen entscheiden, was allerdings abhängig vom Gebrauch des Buches und dem damit in Zusammenhang stehenden Kostenaufwand ist.

Fadenheftung

- Wie viele Seiten soll das Buch haben? Schon ab einer Seitenzahl von 8 Seiten ist das möglich. Besser ist es allerdings, wenn das Buch 32, 48 oder noch mehr Seiten hat, weil die Fadenheftung dafür noch besser geeignet ist.
- Wie soll das Buch gebraucht werden? Handelt es sich dabei um ein Fachbuch, das öfter gelesen und dazu voll aufgeschlagen wird? Beispielsweise wie ein Lehrbuch, das ein gutes Aufschlagverhalten haben muss (die Bindung muss dann so sein, dass das Buch flach auf dem Arbeitstisch aufgeklappt werden kann).
- Und weil die Fadenheftung sehr stabil und besonders lange haltbar ist, eignet sie sich dafür besonders gut. Dadurch ist sie technisch aufwendiger als eine Klebebindung und deshalb auch kostenintensiver!

Klebebindung

- Die einfachere und schnellere, deshalb auch preiswertere Buchherstellung erfolgt meistens maschinell. Im Gegensatz zur Fadenheftung besteht das Buch aus einzelnen Seiten, die zu einem Buchblock zusammengelegt und so verleimt werden. Bei diesem Verfahren wird der ‚Buchrücken' (Papierstapel, der mit dem Buchrücken verbunden wird) ausgefräst und mit einem dünnen Klebstofffilm gleichmäßig bestrichen. Das allein genügt fast schon, weil es heute sehr gute Klebstoffe gibt, die die Seiten fest zusammenhalten. Diese Bindungstechnik eignet sich gleichermaßen für den Soft- und Hardcoverbereich und ist die am meisten verwendete Technik. Sie wird auch für die Reparatur älterer Bücher verwendet - auch deshalb, weil früher sowieso die meisten Bücher in dieser ‚Handtechnik' gebunden wurden.

Fadenheftungen

NUR EINE einfache Fadentechnik …

Für eine hochwertige Bindung steht die Fadenheftung. Die Bücher halten durch diese traditionelle Bindungsart länger und es lässt sich damit auch Papier mit einer höheren Grammatur verarbeiten. Dafür eignen sich speziell dicke und stabile Papiere ab 80 bis 300 g/m^2 oder Kartonagen, beispielsweise Natur- und Bilderdruckpapier. Bücher und Broschüren werden durch die Fadenheftung qualitativ hochwertig und haltbar hergestellt. Deshalb werden die Papierbögen nach dem Falzen am Buchrücken miteinander vernäht. Und damit das gut aussieht, müssen bereits bei der Konzeption einige Dinge beachtet werden. Die Heftbogendicke (Geheft) und die dafür benutzte Anzahl der Bögen sind von der Papierstärke abhängig. Bei dickem Papier verwendet man 16, bei einer mittleren Papierdicke 32 Seiten pro Geheft.

Damit werden u. a. anspruchsvolle Fotobände, deren optisches Aussehen nicht nur außen sondern auch innen einzigartig sein muss, angefertigt. Es entstehen schicke Bildbände in ausgezeichneter Qualität und Anmut. Die Fadenheftung verspricht zusätzlich ein Mehr an Haltbarkeit und ein einzigartiges Aufschlagverhalten, was bei solchen Büchern wichtig ist.

Der wesentliche Vorteil gegenüber einem gelumbeckten Buch liegt darin, dass auch umfangreiche Gehefte mit jeweils 32 Seiten (16 Blätter) vernäht und verklebt werden können. Das bietet

auf jeden Fall die Gewähr, dass sie auch bei intensivstem Gebrauch nicht ausfallen.
Zum Herstellen eines solchen Gehefts werden beispielsweise 4 Bogen Papier (DIN A4) von der doppelten Größe des herzustellenden Buchblocks (Format A5) in der Mitte gefalzt und ineinandergelegt. Dadurch erhalten Sie 16 doppelseitig beschreibbare Buchblätter. 6 dieser Gehefte ergeben ein Buch mit einer Gesamtseitenzahl von 96.

Beginnen wir mit der einfachsten Version einer Fadenheftung, und zwar der Rückenstichheftung. Damit können Sie die unterschiedlichsten Broschüren anfertigen, angefangen beim üblichen Schulheft im DIN A5-Format. Es besteht aus mindestens 2 Geheften (= 32 Doppelbögen à 70 g/m²) und einem stabilen Umschlagkarton. Und weil Sie die Rückenstichheftung auch für bedruckte Heft- oder Buchseiten verwenden können, müssen Sie darauf achten, dass sich der Text oder die evtl. in dem Buch befindlichen Schreiblinien in einem Mindestabstand von 25 mm vom Heftrand befinden. Bei einem Textausdruck in ‚Word' entsteht dieser Abstand automatisch. Allein schon deshalb, weil er für eine übliche Fadenheftung, deshalb auch für die Buchherstellung wichtig und erforderlich ist.

ANLEITUNG für eine traditionelle Fadenheftung

Wenn Sie das Papier für dieses Buch vorbereiten, müssen Sie darauf achten, dass die Fasern parallel zu der herzustellenden Falznaht (dem zukünftigem Rücken des Buches) verlaufen. Erst danach beginnt das Falzen der A4-Bögen für das Falzmass A5. Vorteilhaft ist, wenn die Bögen schon in der zukünftigen Seitenhöhe und doppelten Seitenbreite zugeschnitten sind – also im DIN A4-Format. (Damit auch die Laufrichtung des Papiers stimmt, kann es sinnvoll sein, die Papierbögen von einer Druckerei zuschneiden zu lassen).

Diese Anleitung beschreibt den Weg der eigenen Buchherstellung für ein etwa 2 cm dickes Buch im A5 Format und beginnt mit dem Zusammenlegen der ersten 4 A4-Blätter (= 8 Seiten A5 bzw. 16 Schreib- oder Druckseiten) für das erste Geheft.

Beim Binden eines Buches ist es wichtig, dass die Reihenfolge der Seiten stimmt. Falzen Sie die ersten vier Seiten genau in der Blattmitte und legen Sie sie so zusammen, dass die letzte Seite oben liegt. Glätten Sie den Falz dann nochmals mit dem Falzbein, damit der Knick sehr intensiv wird.

EINSTECHEN der Löcher für die Fadenheftung

Dafür brauchen Sie einen stabilen DIN A4-Bogen als Schablone, den Sie in der Mitte falten und mit dem Falzbein nacharbeiten. Durchstechen Sie ihn 2 cm vom Rand des Falzbogens rechts und links mit der Buchbinderahle, so dass jedes Mal ein kleines Loch in der Blattmitte entsteht. Daneben folgt im Abstand von 3 cm jeweils ein weiteres Loch und daneben noch eins im Abstand von 12 mm. Dieser Abstand ist wichtig, weil Sie nach dem Hindurchziehen des Zwirnfadens, den Sie zum Zusammenhalten der Buchseiten benötigen, dazwischen ein 10 mm breites Heftband hindurchziehen müssen.

Einstechen der Löcher: Verwenden Sie als Schablone ebenfalls einen DIN A4 Bogen, den Sie auch in der Mitte falzen, um anschließend in der Falznaht die Lochmarkierungen für die Fadenheftung anzubringen

Und damit diese Arbeit gut gelingt, legen Sie auf die Arbeitsplatte einen stabilen Karton und darauf eine Filz- oder Moosgummiplatte. Diese verhindert, dass die Spitze der Ahle beim Löchern der Papierbögen die Tischplatte beschädigt. Außerdem funktioniert das Durchstechen des Loches mit der mit Zwirn verbundenen Nadel auf diese Weise einfacher.

Legen Sie die Schablone in die Mitte der gefalteten Buchseiten und stechen mit der Ahle alle sechs erforderlichen Löcher darin ein. Nehmen Sie die Schablone aus den Buchseiten und beginnen mit dem Einziehen des Zwirnfadens.

Schneiden Sie ungefähr 2 m Zwirn von der Rolle ab. Ziehen Sie den Faden zuerst an einem Bienenwachsstück (Kerze) entlang. Durch das Wachsen ist der Zwirn nicht mehr rutschig und lässt sich leichter durch die Papierlöcher ziehen. Außerdem lässt sich die gewachste Garnspitze leichter durch das Nadelöhr der Buchbindernadel ziehen.

Es folgt das Durchziehen des Zwirnfadens durch die Papierbögen. Beginnen Sie dazu an der rechten Außenseite, wo Sie die Nadel in das Geheft einschieben. Danach wird sie durch das nächste Loch wieder nach außen geführt und im Anschluss daran durch das direkt daneben befindliche Loch erneut nach innen durchgezogen. Von dort führt der Faden durch das nächste Loch wieder nach außen und anschließend nach innen, sodass er dann aus dem daneben befind-

lichen letzten Loch an der linken Außenseite wieder herauskommt. Er wird dann stramm gezogen und darauf geachtet, dass das Fadenende auf der rechten Seite noch ungefähr 10 cm lang ist. Es folgt das Durchziehen der beiden Heftbänder, was durch die rechts und links entstandenen schmalen Bandschlaufen geschieht. Danach wird der Faden wieder etwas nachzogen

(gestrafft). Es folgt das Durchlöchern weiterer Blätter. An dieser Stelle können Sie entscheiden, ob Sie die Blätter für das gesamte Buch oder nur 4 weitere für das Hindurchziehen des Zwirnfadens so vorbereiten.

Nachdem Sie beim ersten Geheft auf der rechten Seite mit dem Durchziehen des Fadens begonnen haben, beginnen Sie beim Folgenden links. Dadurch ist er bereits mit dem darunter liegenden Geheft fest verbunden. Nach dem wiederholten Durchziehen der Heftbänder

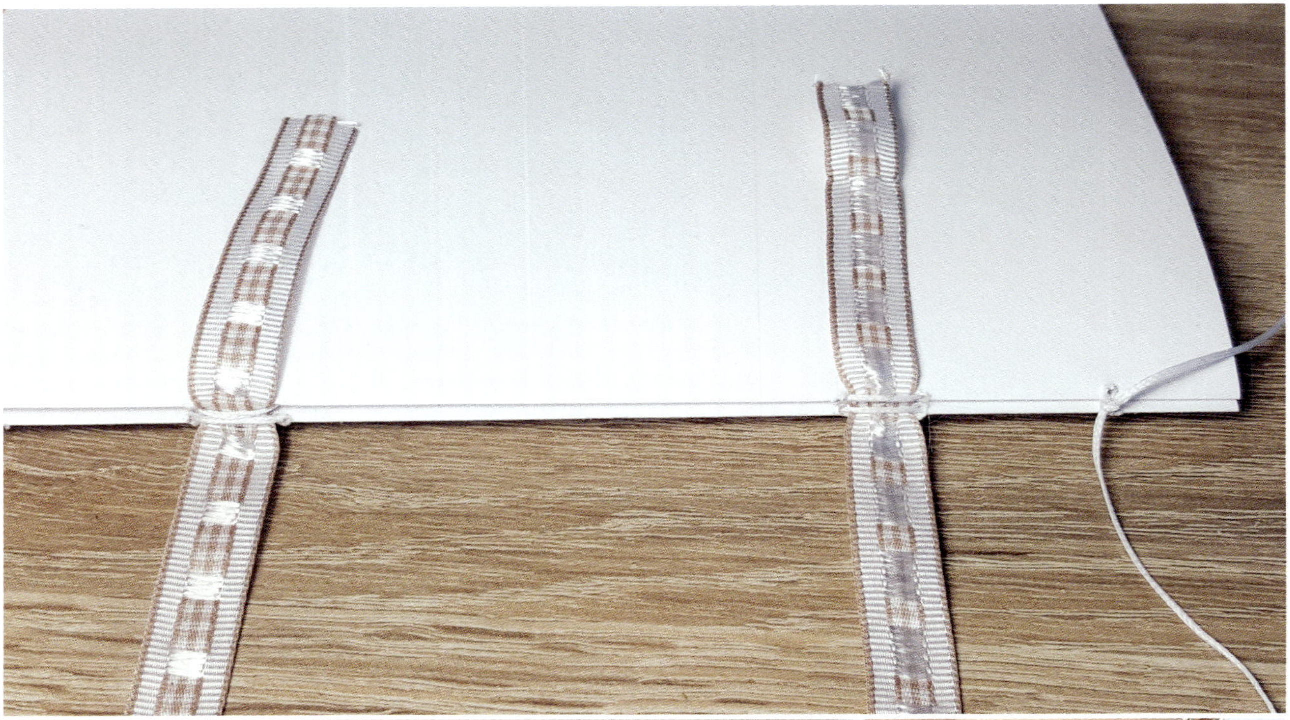

durch die neu entstandenen Schlaufen wird der Faden gestrafft und nach dem Herausführen aus dem zweiten Geheft an der rechten Seite zweimal fest verknotet.

Während dieses Tun am Anfang kompliziert erscheint, werden Sie feststellen, wie einfach und schnell das bei den folgenden Geheften zu machen ist. Dann zeigt sich bereits, dass Sie dafür Routine entwickeln und alles noch mehr Spaß macht.

Es folgen die nächsten vier Blätter. Nach dem Durchziehen des Fadens und dem Hindurchziehen der Heftbänder durch die neuen Schlaufen fährt die Nadel zwischen die Fäden der 1. und 2. Bindung und verknotet diese.

Danach wird das Anfertigen weiterer Gehefte nach dieser Methode fortgesetzt. Dabei wird jedes fertige Geheft durch das Durchziehen der Nadel mit dem Vorherigen verbunden, aber nicht verknotet. Erst zum Schluss werden die

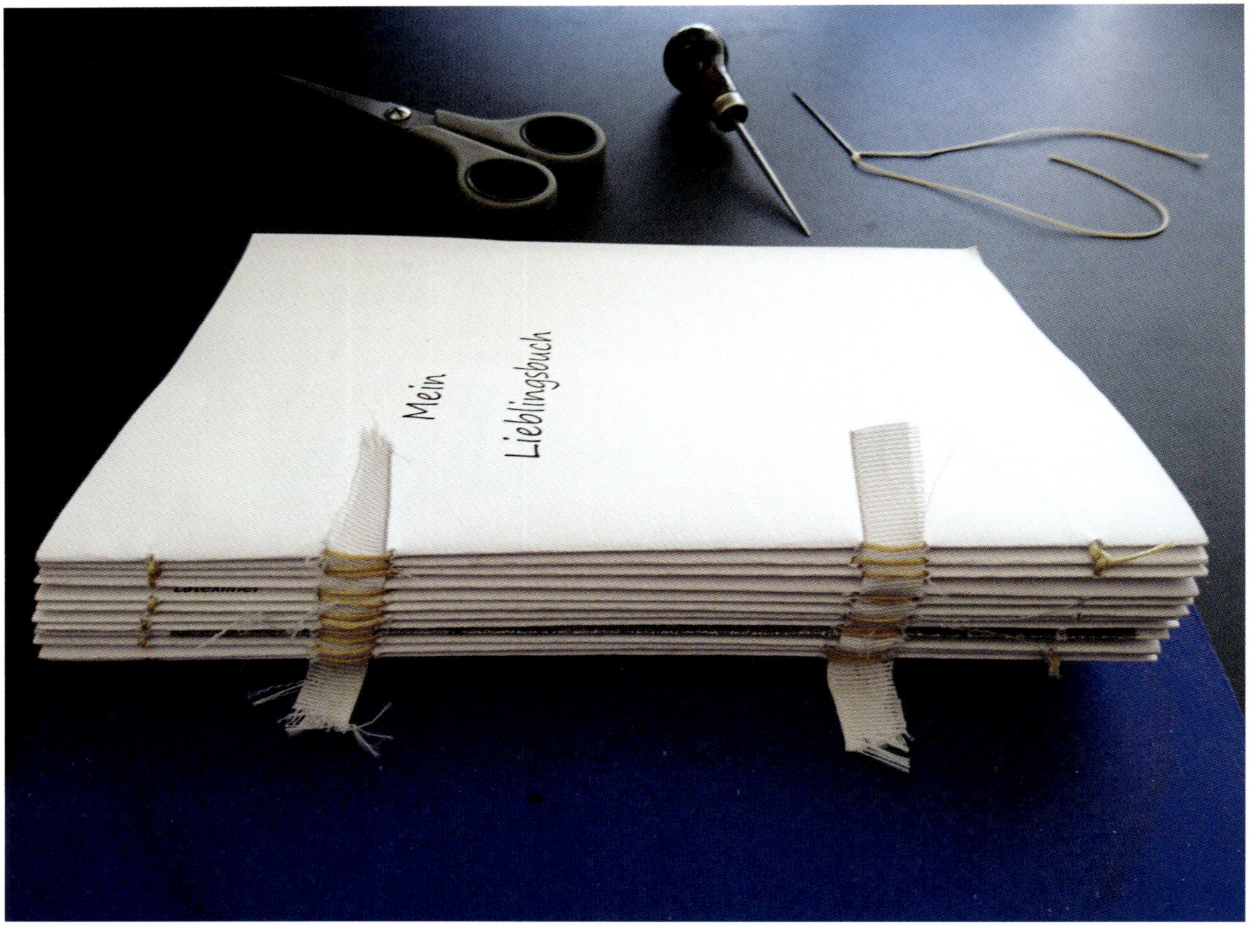

*Geheft: so wird in der Druckersprache ein aus mindestens 4 DIN A4-Bögen auf A5 gefaltetes Heft mit beispielsweise 8 Seiten genannt, das wahlweise mit Klammern zusammengeheftet oder mit einem Faden zusammengebunden wird.

letzten beiden Gehefte miteinander verknotet. Der Buchblock ist fertig!

Zwischendurch kann es passieren, dass der Faden nicht mehr ausreicht und mit einem neuen verbunden werden muss. Dazu wird an das Ende des ersten Fadens ein Knoten und an dem neuen eine Schlaufe gemacht, die über den Knoten hinweg geschoben und dann knotenartig zugezogen wird. Durch das Ziehen an beiden Fadenenden rutscht die Schlaufe bis zum Knoten. Beide Fäden sind fest und sicher miteinander verbunden und lassen sich in keine Richtung mehr bewegen.

EINLEIMEN des Buchblocks

Als Nächstes verwenden Sie die selbst gebaute Buchpresse, in die der Buchblock fast vollständig eingeschoben wird. Allerdings nur so weit, bis der Buchrücken noch ungefähr 6 mm darüber hinausragt, während die Heftbänder zusammen mit den Buchseiten und den Zwirnfäden fest darin zusammengedrückt werden.

Drücken Sie mit den Daumen und Fingern den Buchrücken etwas auseinander, und zwar so, dass eine leichte Rundung entsteht, bzw. sich zwischen den Geheften eine kleine rillenartige Vertiefung von 3 – 4 mm zeigt. Die ist wichtig, weil an diesen Stellen der Buchbinderleim, der danach auf dieser Rückenfläche aufgetragen wird, leichter und weiter einlaufen kann.

Der Klebstoff wird mit einem breiten Pinsel sorgfältig darauf verteilt. Wichtig ist auch, dass evtl. herausragende Fäden ebenfalls gut damit eingestrichen und überdeckt werden.

Danach muss der Kleber ungefähr 30 Minuten trocknen. Es folgt das Weiterbearbeiten mit einem kleinen Hammer, mit dem die Kanten des Buchrückens vorsichtig angeschlagen werden, dass dadurch ein noch schönerer gerundeter Rücken entsteht. Ist das gelungen, wird dieser erneut mit Leim überstrichen, der dann bis zum nächsten Morgen trocknen muss.

Buchblock ungefähr 6 mm herausragen lassen.

Die Enden der Gehefte etwas aneinander drücken.

Den Buchrücken mit Buchbinderleim sorgfältig einstreichen.

Den Buchrücken mit einem Hammer bearbeiten, damit er etwas abgerundet wird.

VORSATZPAPIER

Der nächste Arbeitsschritt sieht das Aufkleben von Tonpapier vor, wozu auch hier wieder zwei DIN A4 Bogen in der Mitte gefaltet und die Falzlinie danach mit dem Falzbein nochmals intensiv nachgerieben wird.

Der gefaltete A4-Bogen wird jetzt im A5-Format mit der Falzseite nach oben auf den Arbeitstisch gelegt. Es folgt in einem Abstand von 5 mm der zweite Bogen. Auch dieser wird in einem Abstand von 5 mm mit einem weiteren Papierblatt so abgedeckt, dass das Tonpapier streifenförmig in voller Buchlänge darüber hinausschaut. Das reicht bereits, um die beiden sichtbaren Tonpapierstreifen mit Leim einzustreichen, was möglichst mit einem schmalen Pinsel geschieht.

Das erste Tonpapierblatt (Vorsatzpapier) wird jetzt mit der Klebeseite nach unten zeigend auf den Buchblock, direkt angrenzend an den Buchrücken, aufgeklebt. Dazu werden die beiden Heftbänder vorher davon abgehoben, damit das Vorsatzpapier fest auf den Seitenrand der ersten Seite angerieben werden kann. Das lässt sich gut machen, weil durch das Wölben des Buchrückens oben an der Klebestelle eine kleine Einbuchtung entstanden ist, in die dieser Karton (Tonpapier) gut eingedrückt werden kann.

Danach wird der zweite Tonpapierbogen auf der anderen Seite des Buchblocks genauso aufgeklebt. Damit die Verklebung wirklich fest und sicher erfolgt, wird der Buchblock danach erneut in die Buchpresse eingespannt. Achten Sie darauf, dass die beiden Brettenden der Presse genau mit den Enden vom Vorsatzpapier abschliessen und der Buchrücken deshalb noch etwas aus der Presse herausragt.

DIE FUNKTION der Gaze

Ungefähr 2 – 3 Stunden später wird der Buchblock aus der Presse entnommen. Es folgt das Aufkleben der Gaze, die fast so lang sein muss, wie die Länge des Buchrückens; sie muss genau gesagt an jedem Ende 4 mm kürzer sein. Die Seitenränder müssen an jeder Seite 30 bis 40 mm überstehen, weshalb Sie für einen 20 mm breiten Buchrücken eine Gazenbreite von 80 – 100 mm verwenden sollten.

Knicken Sie die Gaze in der Mitte, damit Sie diese beim Aufkleben auf den Buchrücken genau mittig auflegen können. Dazu wird der Buchblock am besten wieder in die Buchpresse eingespannt, und zwar so, dass der Buchrücken ca. 5 mm darüber hinausragt und sorgfältig mit Leim überstrichen werden kann. Erst danach wird die Gaze daraufgelegt. Drücken und reiben Sie sie fest darauf an.

LESE- und Kapitalband

Was folgt, ist das Aufkleben eines Lesebandes (Bookmark). Das ist ein gewebtes oder geflochtenes 2 oder 3 mm breites Band, das Ähnlichkeit mit einem Schnürsenkel hat und im Handarbeitsgeschäft in vielen Farben mit schönen Mustern erhältlich ist. Das Ende wird in einer Länge von 20 mm oben auf den Buchrücken so mit Leim verklebt, dass das andere Ende direkt in das Buch eingelegt werden kann.

Als Nächstes folgt das Kapitalband - ebenfalls ein beliebtes Dekorationsutensil, das ungefähr 8 – 12 mm breit ist. Es wird oben und unten in voller Breite auf den Rücken des Buchblocks geklebt.

VERSTÄRKEN des Buchrückens

Da das Buch seitlich mit zwei Kartonplatten als Einbanddeckel verstärkt wird, ist es vorteilhaft, wenn auch der Buchrücken mit einem robusten Pappstreifen stabilisiert wird. Deshalb wird zum Abdecken ein Papierbogen (Papierstärke vom Vorsatzpapier) im A5-Format so darauf geklebt, dass die Enden genau mit dem Buchrücken abschliessen. Auf der anderen Seite des Rückens wird der Bogen umgeknickt und so gefaltet, dass das Blatt wieder zurückgeklappt auf dem vorderen Buchrücken aufliegt. An dieser Stelle wird das Papier oben und unten entsprechend markiert und der Länge nach mit einem Cuttermesser genau zugeschnitten.

Reiben Sie den Knick dieses Papierstreifens mit dem Falzbein sorgfältig nach, dass beide Streifen genau aufeinander liegen. Die Buch-rückenverstärkung ist fertig. Sie wird jetzt in der Innenfläche mit Buchbinderleim gleichmässig eingestrichen und dann auf die mit Folie abgedeckte Arbeitsplatte gelegt. Darauf legen Sie einen Bogen Backpapier und mehrere Bücher, mit denen Sie die Klebestelle fest zusammenpressen. Dafür reicht eine Zeitspanne von 15 Minuten.

Legen Sie den Buchblock jetzt wieder in die Buchpresse und achten darauf, dass die Heft-

bänder und Gaze darin mit eingespannt sind und der Buchrücken wieder 5 mm über die Presse hinausragt.

Damit der Buchrücken stabil wird, werden der Buchrücken und die Rückenverstärkung jetzt auf einer Seite ebenfalls mit Leim eingestrichen und passgenau auf den Buchblock aufgelegt und mit einem Bogen Backpapier abgedeckt.

Stabilisieren Sie die Buchpresse beidseitig mit dagegen gestellten Büchern oder anderen schweren Gegenständen, damit sie genau senkrecht steht und Sie oben auf die Klebestelle einige Bücher legen können, mit denen die Rückenverstärkung fest an den Buchrücken angedrückt wird. Rechnen Sie dafür mit einer Trocknungszeit von 30 Minuten. Danach ist der Buchblock fertig.

BUCHDECKEL anfertigen

Das Einbandpapier, es kann auch Stoff sein, wird für das Buch so zugeschnitten, dass an jeder Seite mindestens ein 4 – 5 cm breiter Einbandrand verbleibt. Um das feststellen zu können, wird zuerst die Masse der Buchdeckel von dem Buchblock abgenommen. Und weil ein Einband

Die Graupappe = Bucheinbanddeckel wird mit Buchbinderleim intensiv eingestrichen.

üblicherweise allseitig 3 mm breiter als der Buchblock sein soll, muss das beim Zuschneiden des Graukartondeckels mitberücksichtigt werden. Das bedeutet, dass der Einband in der Höhe 6 mm und in der Breite 3 mm grösser als der Buchblock sein muss.

Dazu wird der Graukarton auf die Schneidunterlage gelegt und mit einem Cutter am Alulineal entlang genau zugeschnitten. Da jeweils eine Pappe für die Vorder- und eine für die Rückseite benötigt werden, müssen davon zwei angefertigt werden. Es folgt das Auflegen auf das Einbandpapier, damit es passend für das Einbinden des Buchblocks zugeschnitten werden kann. Vorweg wird der Buchblock dazu auf eine der Pappen gelegt und vorsichtig umgedreht, um so einerseits die Breite für den Buchrücken sowie zusätzlich die Gesamtbreite des Buches masslich zu ermitteln und diese auf dem Bucheinbandpapier zu markieren. Zu dem eigentlichen Materialbedarf für den Bucheinband werden, wie schon erwähnt, noch 3 mm pro Seitenfläche für den Einbandrand zugerechnet. Erst danach folgt das Zuschneiden des Einbandmaterials.

Normalerweise wird der Buchrücken separat mit einem schmalen Pappstreifen vorbereitet. In diesem Fall ist das aber nicht erforderlich, da er in Form der dünnen Pappstreifen bereits auf dem Buchrücken aufgeklebt wurde. Grundsätzlich sind aber immer beide Methoden möglich.

Der Buchrücken soll nicht so dick wie die Bucheinbände sein, weshalb es einfacher ist, ihn wie beschrieben gleich auf dem Buchrücken zu befestigen.

Als Nächstes wird der erste Buchdeckel auf den Arbeitstisch gelegt und gleichmäßig mit Buchbinderleim eingestrichen. Dieses Aufstreichen erfolgt in typischer Kreuzmanier, also einmal von oben nach unten, dann von links nach rechts und geschieht solange, bis der Pinsel nicht mehr so leicht darauf bewegt werden kann. Dann ist die Klebeschicht optimal vorbereitet. Anschließend wird der Buchdeckel direkt an die Markierung auf dem Einbandpapier eingepasst, aufgelegt und muss jetzt nur noch fest darauf angestrichen werden. Dazu wird er zusammen mit dem Einbandpapier umgedreht und das Backpapier daraufgelegt. Das ist wichtig, damit das Einbandpapier beim folgenden Festreiben mit dem Falzbein nicht beschädigt wird. Mit dem Falzbein wird es dann mit leichtem Druck fest auf den Karton angerieben. Danach wird der Bucheinband wieder umgedreht und auf die Tischplatte zurückgelegt. Es folgt der Leimaufstrich für den zweiten Buchdeckel und das Verkleben.

Die Buchdeckel werden auf das Einbandpapier aufgelegt und damit verklebt. Damit der Abstand der beiden Pappen auch genau mit der Breite des Buchrückens übereinstimmt, kann an dieser Stelle ein kleiner zugeschnittener Pappstreifen provisorisch mit auf das Einbandpapier gelegt werden.

DAS BUCHEINBINDEN

Als Nächstes wird der Bucheinband zugeschnitten. Dazu werden die Ecken der überstehenden Ränder schräg abgeschnitten, und zwar so, dass der Schnitt immer 1 mm von der Buchecke entfernt erfolgt. Bevor die Ränder jetzt geleimt und mit dem Bucheinband verklebt werden, ist es sinnvoll, die Tischfläche mit der Hand abzuwischen, um zu überprüfen, ob sich irgendwo noch Leim- oder andere Materialreste befinden, die den Einband verschmutzen oder beschädigen könnten. Anschließend wird die Tischfläche mit Zeitungspapier abgedeckt und der Bucheinband daraufgelegt.

Der erste Abschnitt vom Innenteil des Einbandes wird mit Buchbinderleim sorgfältig eingestrichen, nach innen umgeklappt, gestrafft und vorsichtig mit den Fingerspitzen von der Mitte her zu den Seiten hin angestrichen. Danach wird der Einband an dieser Stelle wieder mit Backpapier überdeckt und mit dem Falzbein sorgfältig angerieben. Das Falzbein wird dazu etwas schräg gehalten, was verhindert, dass das Backpapier reisst oder der Bucheinband Falten zieht.

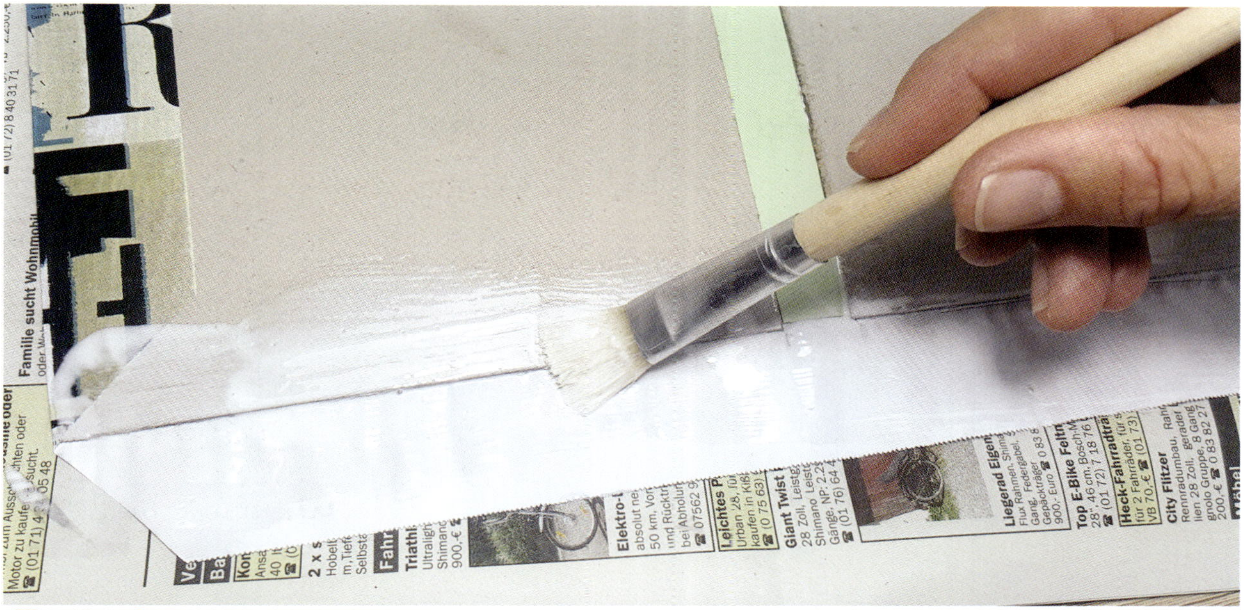

Achten Sie darauf, dass die Zeitung vor dem nächsten Leimauftrag etwas nach oben verschoben wird. Dadurch wird verhindert, dass evtl. darauf haftende Klebereste den Bucheinband beim weiteren Leimauftragen oder Verkleben verschmutzen.

EINLEGEN des Buchblocks in den Bucheinband

Der Buchblock muss jetzt symmetrisch in den Bucheinband eingepasst und damit verklebt werden. Dazu wird er zunächst einfach hineingelegt, fest an den Buchrücken angedrückt und allseitig so hin- und hergeschoben, bis er überall genau passt. Das bedeutet auch, dass der Einband den Block perfekt umschließt und jetzt beidseitig miteinander verklebt werden kann.

Während der Buchblock fest und sicher auf der Arbeitsplatte liegt, wird der Bucheinband vorsichtig aufgeklappt. Dann wird Backpapier unter das Vorsatzpapier gelegt, Heftbänder und Gaze etwas angehoben und die Einbandseite (Vorsatzpapier) mit Buchbinderleim sehr sorgfältig und vollständig eingestrichen. Der Leimauftrag erfolgt von der Buchinnenseite nach außen. Da-

rauf werden dann auch die Heftbänder gelegt und deren Oberfläche mit Leim überstrichen, um sie dann ebenfalls auf das Vorsatzpapier zu legen und damit zu verkleben. Danach folgt das Überstreichen der Gaze, die intensiv mit Leim bedeckt werden muss und danach fest mit dem Vorsatzpapier verklebt wird.

Zum Schluss folgt das Einstreichen vom Vorsatzpapier, was wieder von der Innenseite nach außen gemacht wird. Auch hier ist es wichtig, dass der Leim kreuz und quer verstrichen wird, damit eine gleichmäßige Leim- und Klebefläche entsteht.

Es folgt das Umklappen des Buchdeckels, der jetzt fest mit dem Vorsatzpapier verklebt wird. Dazu wird er vorsichtig hochgezogen, in das Buch eingedrückt und darin bis zum Buchrücken eingeschoben.

Achten Sie darauf, dass vor dem Anfassen des Buchdeckels die Hände von Leimresten etc. befreit sein müssen. Verständlicherweise ist das sehr wichtig, damit der Buchumschlag dadurch nicht verschmutzt wird. Legen Sie dann ein ungenutztes Backpapier auf das Vorsatzblatt, um es mit dem Falzbein sorgfältig an den Bucheinband anreiben zu können.

Drücken und „massieren“ Sie das fertige Buch, damit es überall gut mit dem Einbandpapier harmoniert.

Das Backpapier wird entfernt. Es folgt das Verkleben der Buchrückseite, was nach der gleichen Vorgehensweise gemacht wird. Beim folgenden Zuklappen ist darauf zu achten, dass der Buchrücken richtig fest darin anliegt. Beide Bucheinbandseiten müssen genau übereinander liegen.

Zum Schluss wird das Buch noch einmal in die Buchpresse gelegt, und zwar so, dass der Buchrücken ungefähr 5 mm darüber hinausragt. Für diesen letzten Klebevorgang reicht eine Anpresszeit von 30 Minuten gut aus. Er ist aber wichtig, zumal dadurch gewährleistet wird, dass das Verkleben der Vorsatzpapiere mit den Buchdeckeln blasen- und faltenfrei erfolgt.

… Wer wäre nicht genauso stolz auf das erste selbst gebundene Buch?

Klebebindungen

KLEBEBINDUNG Lumbeck-Verfahren

Das ist die zweite Möglichkeit zum Binden eines Buches, die als Alternative zur Fadenheftung angesehen wird. Auch hier wird nach traditioneller Buchbinderart ein Buch manuell gebunden. Gearbeitet wird mit Buchdruck- und Dünndruckpapier, wobei es wichtig ist, dass die Laufrichtung vom Papier parallel zum Buchrücken verläuft.

DER BUCHBLOCK wird verklebt

Die ordentlich zusammengelegten Einzelseiten werden blockartig gerade gestoßen und mit dem unteren Drittel der Buchseiten winkelgerecht in eine Buchpresse gelegt. Darin werden sie anschließend so zusammengedrückt, dass die herausragenden Buchseiten sich wie ein Fächer öffnen. Mit einer Hand wird dieser Fächer über die Presse gelegt und die Papierbögen so aufgefächert, dass jedes einzelne Blatt einen offenen Kleberand von 0,3 mm bis 0,6 mm offeriert.

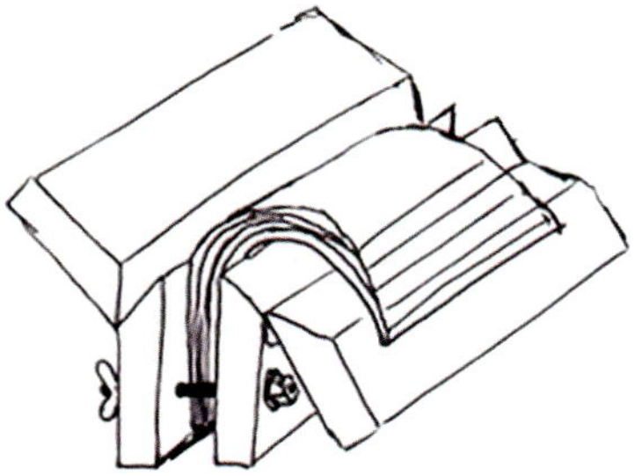

Buchblock mit Leim einstreichen

Einstreichen des Buchblocks mit Buchbinderleim

Dann werden die Blätter mit Buchbinderleim eingestrichen, was mit einem breiten Pinsel in der Laufrichtung der Papierbogen gemacht wird. Danach werden sie aus der Presse entnommen, umgedreht und so wieder in die Presse eingelegt, dass sie als Block nur noch 2 mm weit daraus hervorragen. Der dadurch entstandene Buchrücken wird jetzt nochmals intensiv mit Buchbinderleim eingestrichen und muss dann 2 – 3 Stunden trocknen.

Danach wird der Buchblock ca. 6 – 8 mm weit aus der Presse herausgeschoben und erneut zusammengepresst. Anschließend wird der jetzt freiliegende Buchrücken mit einer Feinraspel oder einem Messer etwas angeraut und im Anschluss daran nochmals mit einer Leimschicht überzogen, die dann weitere 2 Stunden trocknen muss.

GAZE aufkleben

Als Nächstes folgt das schon von der Fadenheftung her bekannte Aufkleben der Buchbindergaze. Dazu wird der Buchrücken zuerst wieder gleichmäßig dick mit Leim eingestrichen und die Gaze daraufgelegt. Die Breite der Gaze muss dem des Buchrückens entsprechen, soll aber an jeder Seite noch 30 mm darüber hinausragen. Somit beträgt die Breite der Gaze bei einem 20 mm dicken Buchblock insgesamt 80 mm.

Damit sie genau mittig aufgelegt werden kann, wird sie in der Mitte mit einer kleinen Bleistiftmarkierung beidseitig markiert. Nach dem Aufleimen auf den Buchrücken wird sie nochmals mit einer Schicht Buchbinderleim überdeckt. Ganz wichtig ist, dass die Gaze während des Verklebens fest auf den Buchrücken aufgepresst wird. Deshalb ist es auch wieder zweckmäßig, die Buchpresse an beiden Seiten durch schwere Bücher oder Gegenstände zu stabilisieren, damit oben auf die Gaze bzw. Klebeschicht ein Bogen Backpapier und darauf mehrere schwere Bücher gelegt werden können.

Nach dem Verkleben der Gaze – ca. 30 – 60 Minuten später - wird der Buchblock aus der Presse entnommen und das Backpapier davon abgezogen. Es folgt das Aufkleben vom Vorsatzpapier. Dazu wird das Tonpapier im Format A4 in der Mitte gefalzt und die Falzung mit dem Falzbein nochmals intensiv nachgearbeitet. Für diesen Arbeitsschritt wird jeweils ein Bogen als Vor- und einer als Nachsatzpapier benötigt. Die Bögen werden auch hier wieder in einem Abstand von 5 mm untereinander auf eine Folie gelegt und der untere Bogen ebenfalls im Abstand von 5 mm mit einem Papierbogen abgedeckt. Es folgt das Einstreichen der beiden dadurch entstandenen 5 mm breiten Papierstreifen.

Das Vorsatzpapier wird so auf die erste und letzte Seite des Buchblocks aufgeklebt, dass die Falzkante an den Buchrücken bzw. die Gaze angrenzt. Nach dem Aushärten des Klebers wird auch die Gaze mit dem Leim sorgfältig getränkt und damit eingestrichen. Biegen Sie sie dann so um, dass sie sowohl rechts wie links auf dem Bucheinband (Vorsatzpapier) anliegt und fest verklebt. Damit das gut gelingt, legen Sie darauf je einen Bogen Backpapier und schieben den Buchblock in die Buchpresse. Dadurch wird innerhalb der nächsten 30 Minuten ein sicheres und festes Verkleben der Gaze erreicht.

DER BUCHEINBAND

Im Gegensatz zu einer Fadenheftung, bei der sich der Buchblock flach aufschlagen lässt, muss auf diesen Vorteil bei der Klebebindung verzichtet werden. Trotzdem sind die Weiterverarbeitung und das Einkleben des Buchblocks in einen Buchumschlag fast identisch mit der Beschreibung für die Fadenheftung.

Um das auch noch schnell machen zu können, werden die Bucheinbandpappen zuerst größenmäßig zugeschnitten. Zusätzlich ist ein schmaler Pappstreifen, genau in der Länge der Umschlagpappen, erforderlich, der ebenfalls zugeschnitten werden muss.
Danach werden die drei Pappelemente so nebeneinander auf die Arbeitsplatte gelegt, dass zwischen den Einbanddeckeln und dem Buchrücken jeweils ein ca. 1,5 mm breiter Zwischenraum verbleibt. Darauf wird jeweils links und rechts in der Umschlagmitte ein ca. 20 mm breiter Papierstreifen aus Vorsatz-/Tonpapier geklebt.

Als Nächstes folgt das Zuschneiden vom Einschlagpapier, auf dem gleichzeitig die Anlegepunkte für den Bucheinband markiert werden.

Einstreichen der Buchdeckel mit Leim

Nach dem Verkleben der beiden Buchdeckel, des Rückens mit dem Vorsatzpapier ist der Bucheinband fertig. Der ebenfalls bereits vorbereitete Buchblock kann darin provisorisch eingepasst werden.

Zuerst wird der linke Buchdeckel sorgfältig mit Buchbinderleim eingestrichen und direkt in die markierte Fläche des Bucheinbandes geklebt. Hier ist die gleiche Technik wie bei der Fadenheftung anwendbar: Einbandpapier umdrehen, mit Backpapier abdecken und das Papier mit dem Falzbein fest an den Buchdeckel anreiben. Das Gleiche geschieht danach auch mit der rechten Einbandseite.

Im Anschluss daran folgt das Einstreichen des Einbandpapiers, das danach sofort so umgeknickt wird, dass die Seitenteile direkt auf die Buchdeckel aufgeklebt werden können. Damit das alles perfekt gemacht werden kann, sind Backpapier und Falzbein auch hier unentbehrlich.

Das Einbandpapier wird mit Leim eingestrichen, an den Buchdeckel angepasst und sorgfältig damit verklebt.

DIE letzten Handgriffe

Zum Schluss folgt das Einkleben des fertigen Buchblocks. Dazu wird er innen genau mittig auf das Einbandpapier gelegt und dieses so darumgelegt, dass es aussieht, als wäre der Bucheinband bereits fertig. Pressen Sie alles fest aneinander, damit Sie danach sofort mit dem Einkleben beginnen können. Dazu wird unter das Vorsatzpapier ein Bogen Backpapier gelegt, der verhindert, dass beim folgenden Verkleben Leim ‚daneben' tropft. Verteilen Sie ihn auf dem Buchrücken mit einem großen Pinsel – von der Innenseite zur Bogenaußenseite. Verteilen Sie ihn wie üblich, damit eine geschlossene Leimfläche entsteht.

Dann wird der Buchblock hochkant gestellt und das Vorsatzpapier so darauf verklebt, dass an allen drei Außenseiten ein einheitlich breiter Randstreifen von 3 mm verbleibt.

Jetzt brauchen Sie zusätzliche Hilfe, damit jemand das Buch senkrecht hält, während Sie auf das Vorsatzpapier einen Bogen Backpapier (Silikonpapier) legen und mit dem Falzbein das Papier von innen nach außen fest auf den Buchdeckel und den Einband aufreiben können.

Wenn das erledigt ist, klappen Sie das Buch zur linken Seite um und kontrollieren ob das Auf-

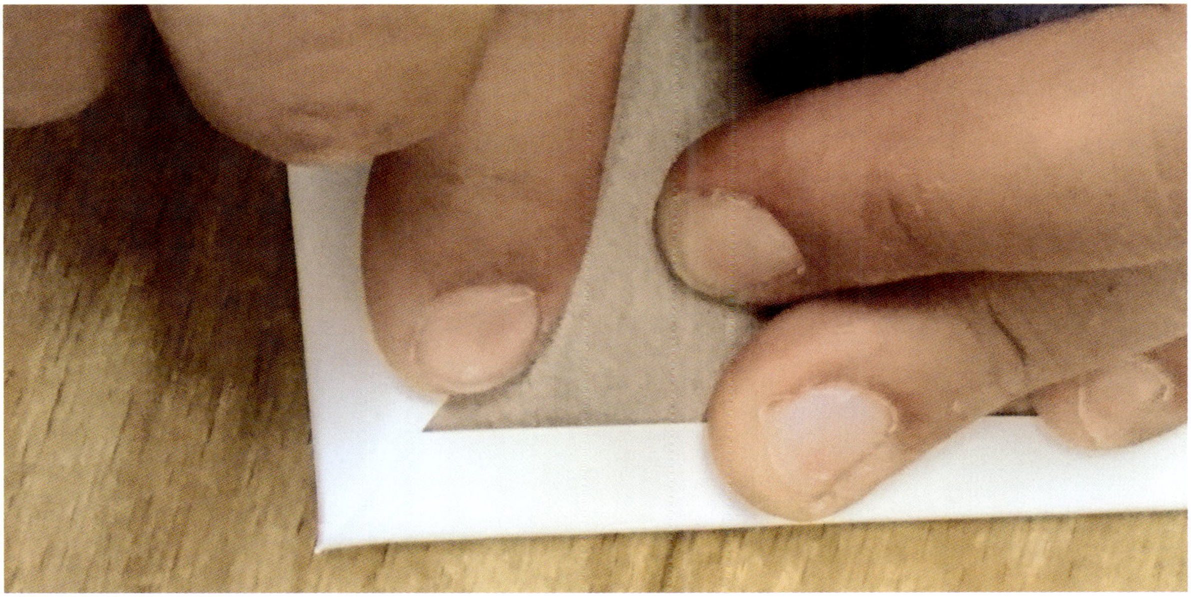

Das Einbandpapier wird an den Seitenstreifen mit Leim eingestrichen, umgeknickt und mit dem Buchinnendeckel verklebt.

Der fertige Buch-Rohblock.

Vorsatzblatt in das Buch einkleben.

Die letzte Arbeit - einkleben vom Nachsatz.

kleben richtig erfolgt ist und das Vorsatzpapier faltenfrei verklebt wurde.

Wiederholen Sie diesen Vorgang jetzt auch mit dem Nachsatz, also der 2. Tonpapierseite auf dem rückwärtigen Bucheinband. Danach nehmen Sie Ihr Kunstwerk in die Hand, entfernen das Backpapier und drücken und formen es mit den Händen, damit die Seiten und auch das Format ein schönes, gleich aussehendes Erscheinungsbild zeigen. Dabei muss ein optisch allseitig gleich aussehendes Buch entstehen.

Legen Sie dann zwischen Buchdeckel und Vorsatzpapier sowie zwischen Nachsatzpapier und hinteren Buchdeckel je einen Bogen Backpapier, um das Buch das letzte Mal in die Buchpresse zu legen, damit auch dieser Klebevorgang durch das leichte Zusammenpressen zu einem erfolgreichen Abschluss führt.

Das erste selbst gebundene, gelumbeckte Buch ist fertig.

Beim Buchbinden steht das technische Können im Vordergrund. Das endet allerdings mit der Auswahl des Einbandes. Der aus Papier, Kunststoff oder einem Leinengewebe bestehen kann. Er entscheidet, o das Buch billig oder kostbar aussieht.

Und was ganz wichtig ist, ist zusätzlich die Optik. Wie sieht das Buch von außen aus. Oft sind es Kleinigkeiten, die mitentscheidend sind, wie hier beispielsweise die Knicklinien im linken Randbereich des Buches, die zeigen, dass es von einem Könner gebunden worden ist.

Bücher reparieren

Gehen wir davon aus, dass der Buchrücken mit den herausgerissenen Seiten neu verklebt werden muss. Auch deshalb, weil Seiten eingerissen und beschädigt sind, außerdem Eselsrohren und Falten zu sehen sind, die mit einem Bügeleisen wieder schön gemacht werden müssen. Und last but not least, dass das Buch einen neuen Umschlag benötigt, was auch das Einkleben neuer Vorsatzblätter erfordert. Das schließt selbstverständlich auch ein neues, gefälligeres Aussehen des Buches mit ein, das in seinem jetzigen Istzustand mehr eine Zumutung denn ein Buch darstellt.

LOSE SEITEN ERSETZEN: Erneuern und einkleben

Beginnen wir direkt mit dem Buchinhalt, also den einzelnen Seiten. Die sind teilweise am Rand ausgefranst, vergilbt, haben Flecken, Eselsohren und Falten oder sind herausgerissen. Bei Schulbüchern kann es sogar passieren, dass Seiten fehlen. Deshalb sollte zuerst mit einer Bestandsaufnahme des Buches begonnen werden. Es folgt das Herauslösen nicht einwandfreier Seiten, die irgendwie erneuert und ersetzt werden müssen.

Es gibt zwar Möglichkeiten, Seiten zu bleichen – in der Hoffnung, dass sie danach wieder heller werden oder zumindest annähernd so aussehen, wie die anderen. Normalerweise sollten solche Experimente aber schon deshalb vermieden werden, weil das Bleichen mit gesundheitsschädlichen, chemischen Stoffen gemacht werden muss.

Einfacher ist es, für diese Seiten Ersatzpapier in einem Schreibwarengeschäft oder einer Druckerei zu kaufen. Der Fachhandel kann anhand einer Musterseite die Papierqualität beurteilen und Papier in annähernd gleicher Qualität und Farbe besorgen.

Danach folgt die Beschaffung fehlender Seiten (Texte). Bei Schulbüchern kann vielleicht einer der Klassenkameraden mit seinem Buch aushelfen, damit die Seite gescannt oder kopiert wird. Bei guten Büchern hilft manchmal auch der Verlag, was servicefreundlich ist und hilft, das Buch wieder komplett zu machen.

Danach geht's ans Handwerkliche! Die nicht einwandfreien Seiten werden aus dem Buch herausgelöst. Das lässt sich mit einem schmalen Skalpell gut machen. Wichtig ist, dass der Schnitt weit in der Buchtiefe erfolgt und davon kein Restpapier in dem Buch zurückbleibt.

Die Seite wird mit denen, die bereits herausgerissen waren und solchen, die Falten, Risse, Verschmutzungen oder Fettflecke haben - sofern notwendig und möglich - mit einem Bügeleisen geglättet. Dadurch werden Rissstellen und Fettflecken kaschiert. Die Erneuerung ist nach dem Kopieren auf dem neuen Papierbogen nicht mehr oder kaum noch erkennbar.

Wichtig: Achten Sie darauf, dass beim Kopieren Vorder- und Rückseite seitengleich übertragen werden. Danach werden diese Buchseiten so zugeschnitten, dass der Text übereinstimmend mit dem der anderen Seiten angeordnet ist und auch das Papierformat gleich wie alle anderen Buchseiten ist.

Zum Einkleben eines dieser Blätter wird das Buch flach auf den Tisch gelegt und die Nachfolgeseite so aufgeschlagen, dass sie flach und waagerecht nach rechts zeigt. Dadurch wird der Klebespalt sichtbar, in den das Blatt eingeklebt werden soll. Dazu wird mit einem schmalen Holzstreifen, z. B. einem nur 0,5 mm dicken Holzfurnier und dem auf der Spitze befindlichen Leim darin eine dünne Klebelinie von links nach rechts eingezogen. Danach wird die fehlende Buchseite sofort darin eingeschoben und bündig verklebt.

Wenn dadurch noch etwas von der Seite über den normalen Buchrand hinaussteht, wird dieser Überstand mit einem scharfen Cutter sorgfältig abgeschnitten.

Nach der ersten Seite folgt die zweite. Wichtig ist, dass keine dieser Seiten in dem Buch verrutscht, weshalb es sinnvoll ist, maximal 4 – 6 Blätter auf einmal zu verkleben. Die evtl. noch fehlenden Seiten folgen einige Stunden später.

Und damit das Buch während des Verklebens fest zusammengehalten wird, wird es mit drei etwa 6 mm breiten Gummibändern umwickelt und gesichert. Außerdem werden darauf mehrere schwere Bücher so aufgelegt, dass das reparierte Buch insgesamt mit einem Gewicht von 4 – 5 kg beschwert ist. Die Klebezeit beträgt 2 – 3 Stunden.

SCHMUTZIGE, muffige Bücher

Ergänzend dazu noch etwas Besonderes: Bücher werden in Schränken und Wandregalen aufbewahrt. Durch den Kontakt mit nassen Wandflächen können sich darin Fäulnisbakterien bilden, die sich im Papier und Einband ausbreiten. Erst dann, wenn eines dieser Bücher mal wieder gebraucht wird, wird das unappetitliche Aussehen bemerkt. Einige Stellen sind wässrig-faul, während andere wieder getrocknet und bröselig geworden sind. An diesen Stellen ist das Buch beschädigt. Deshalb müssen zuerst Fäulnis- und Schimmelflecken behandelt und das Buch danach sorgfältig getrocknet werden. Danach werden beschädigte Seiten ausgebessert oder erneuert.

COVER reinigen

Das Entfernen und Reinigen der mit Flecken beschmutzten Bucheinbände ist einfach. Problematisch sind Papp-, Leinen- oder Ledereinbände, bei denen ein Abrubbeln mit einem weißen (farblosen) Radiergummi die besten Erfolge bringt. Fettflecken lassen sich von einer Kaschierung oder einem Hochglanzumschlag am sichersten mit Wasser, das mit Spülmittel vermischt ist und einem angefeuchteten Tuch vorsichtig abwischen. Danach folgt das Nachpolieren mit einem trockenen Tuch. Kaffee-, Tee- und Schmutzflecken werden am besten mit Alkohol oder Spiritus gelöst und mit einem mit Seifenwasser getränkten Tuch entfernt. Der dann folgende Schlussabrieb mit klarem Leitungswasser ist erfahrungsgemäß auch noch sehr wirkungsvoll.

FALTEN, Knicke, Eselsohren

Als Nächstes folgt das Ausbügeln von Falten und Eselsohren. Falten entstehen oftmals unbewusst durch zu schnelles oder unkontrolliertes Umblättern, was vermeidbar ist. Eselsohren werden bewusst gemacht. Meistens aus Bequemlichkeit, um das bis hierhin gelesene Buch mit einer Markierung zu versehen. Das ist wirkungsvoll, sieht aber nicht schön aus und kann ein wertvolles Buch stark beschädigen.
Knicke lassen sich am einfachsten durch das Überbügeln mit einem normalen Bügeleisen (kein Dampfbügeleisen) beseitigen. Dazu wird ein mit Wasser angefeuchtetes Geschirrtuch auf die Seite, darunter ein Löschblatt und darunter zusätzlich noch ein trockenes, sauberes zweites Geschirrtuch gelegt, was die Reparaturstelle abpolstert.

Zweck dieser Methode ist, die in der Buchseite befindlichen Fasern durch das Überbügeln anzufeuchten, geschmeidig zu machen und neu auszurichten. Dazu wird das auf ‚minimal' eingestellte Bügeleisen auf die Knickstelle gestellt und vorsichtig hin und her bewegt. Durch den Druck vom Bügeleisen werden die Knicke geglättet.

Danach ist es wichtig, dass das Buch nach dem Entfernen des Geschirrtuches mit anderen Gegenständen (3 – 5 kg) beschwert wird und 24 Stunden so liegen bleibt. Dadurch werden die Seiten fast faltenfrei und geglättet.

Die Erfahrung hat gezeigt, dass immer wieder versucht wird, solche Knickstellen falsch zu behandeln, indem der Knick in die andere Richtung gebogen wird. Das bringt leider nicht die gewünschte Wirkung, führt in den meisten Fällen aber dazu, dass das Papier an dieser Stelle ‚bricht'.

Alte Bücher

DEFEKTER Buchrücken

Wenn der Buchrücken noch stabil und nicht sonderlich beschädigt ist, ist es in den meisten Fällen möglich, ihn mit einem neuen Kleberücken zu stabilisieren. Diese Reparatur lässt sich ohne Entfernen des alten Buchrückens leicht machen.

Die einfachste Methode besteht darin, ihn soweit wie möglich von der Seitenbindung (Buchblock) wegzudrücken, und zwar so weit, dass in den dadurch entstandenen Spalt ein Lineal zwischen Buchblock und -rücken geschoben werden kann.

Dann messen Sie die Breite und die Länge des Buchrückens und schneiden dafür eine Stabilisierungsgaze zu. Legen Sie diese auf einen genauso breiten, ebenfalls extra dafür zugeschnittenen stabilen Karton (120 g/m2). Nehmen Sie die Gaze davon ab und bestreichen Sie den Karton sorgfältig mit Buchbinderleim. Anschließend legen Sie die Gaze wieder darauf, die dann ebenfalls intensiv mit dem Leim eingestrichen wird.

Schieben Sie dann ein etwas längeres Lineal unter die Pappe, und zwar so, dass es an beiden Seiten mindestens 2 – 3 cm heraussteht. Verkleben Sie ein Ende der Pappe mit einem Klebestreifen an dem Lineal.

Schieben Sie das Lineal dann zusammen mit dem Karton und der darauf mit Leim präparierten Gaze so in die Öffnung, dass die offene Klebeseite zum Buchrücken zeigt. Achten Sie darauf, dass der Karton darin deckungsgleich mit dem Buchblock liegt. Entfernen Sie dann die Klebestreifen vom Lineal und drücken Sie mit dem Ende des Lineals vorsichtig – unten angefangen – immer ein bisschen höher, bis ganz oben, gegen die Pappe, und zwar so, dass sie dadurch fest an den Buchrücken angepresst wird.

Stellen Sie das Buch senkrecht – mit dem Rücken nach oben zeigend auf die Arbeitsplatte und sichern Sie es mit einigen seitlich dagegen gelegten Büchern, damit es nicht umfällt. Legen Sie auf den Buchrücken einige schwere Bücher. Das reicht bereits, um den Buchrücken innerhalb von 5 – 6 Stunden fest mit dem Buchblock zu verkleben.

Und damit der Buchrand danach auch wieder schön aussieht, schneiden Sie für die Rückenbreite des Buches zwei kleine Kapitalbänder zu und verkleben Sie sie oben und unten an der Rückwand des Buches.

Lassen Sie alles einen Tag so stehen. Während dieser Zeit trocknet der Kleber vollständig auf und sorgt für eine elastisch-feste Verklebung, die das Buch optimal zusammenhält.

...und wenn das Buch jetzt noch mit einem neuen Outfit, also einem neuen Bucheinband verse-

hen werden soll, kann auch das gemacht werden. Informationen finden Sie dazu im Kapitel der Fadenheftung unter ‚Buchdeckel anfertigen'.

<u>Kaputtes Innengelenk</u>

Bei einem gebrochenen Buchrücken lohnt es sich, das beschädigte Innengelenk zu reparieren. Dazu wird es vorsichtig von dem Buchblock abgenommen, was meistens auch das Durchschneiden der Gaze erfordert, mit der das Buch noch zusammengehalten wurde. Danach haben Sie den Buchblock vor sich liegen.

Die Reparatur ist nahezu identisch mit der Beschreibung im Kapitel ‚Buchdeckel anfertigen' (Fadenheftung).

Die Reparatur können Sie sofort durchführen. Dafür brauchen Sie Buchbindergaze, die Sie 6 mm kürzer (als der Buchblock lang ist) abschneiden. Die Breite entspricht der des Buchblocks, zu der Sie jeweils 30 – 40 mm als Überstand (rechts und links) hinzurechnen. Stellen Sie das Buch senkrecht - mit dem Rücken nach oben zeigend - auf den Arbeitstisch, damit es rechts und links zusätzlich mit anderen Büchern abgestützt werden kann.

Streichen Sie dann den Rücken intensiv mit Buchbinderleim ein. Darauf legen Sie die Gaze und überstreichen sie ebenfalls damit. Lassen Sie das alles mindestens 2 – 3 Stunden trocknen. Überprüfen Sie, ob die Dicke der Leimschicht ausreicht. Ggf. tragen Sie nochmals eine dünne Leimschicht auf. Es folgt das Aufkleben eines Papierdoppelstreifens aus Tonkarton, den Sie zuvor fest miteinander verklebt haben. Auch hier ist es wieder wichtig, dass das Buch seitlich senkrecht auf dem Arbeitstisch steht, oben mit Silikonpapier abgedeckt wurde und darauf und daneben mehrere schwere Bücher aufgeschichtet wurden, die die Verklebung des Rückens mit dem Buchblock durch ihr Gewicht fördern. Rech-

nen sie mit einer Trocknungszeit von 60 bis 90 Minuten.

Nach einer weiteren Trocknungszeit von 1 – 2 Stunden streichen Sie die überstehende Gaze für die linke Buchseite ebenfalls mit Leim ein und legen Sie sie auf den in der Zwischenzeit vorbereiteten, ggf. auch reparierten Bucheinband. Zusätzlich brauchen Sie Vorsatzpapier im A4-Format, das Sie erfahrungsgemäß vorher in der Mitte falten.

Die erste dieser Doppelseiten wird jetzt sorgfältig auf einer Seite mit Leim überstrichen. Wichtig: auch hier den Leim von innen nach außen verteilen. Legen Sie die Seite genau auf die bereits mit Gaze verklebte Bucheinbandfläche, und zwar so, dass sie mit der Falzseite genau an die innere Falznaht des Buches anstößt. Überdecken Sie sie mit einem Bogen Backpapier und reiben Sie sie dann mit dem Falzbein fest darauf an. Heben Sie zwischendurch das Backpapier hoch, um zu überprüfen, ob sich nicht unerwartet Falten gebildet haben, die sofort beseitigt werden müssten.

Die zweite Papierhälfte verkleben Sie mit der Einbandseite des Buches. Dazu sind auch wieder der Leimauftrag und das Einlegen des schützenden Silikonpapiers erforderlich. Wiederholen Sie diesen Vorgang auch auf dem hinteren Buchdeckel mit dem Verkleben der Gaze und dem Nachsatzblatt.

Legen Sie dann das reparierte Buch flach auf den Arbeitstisch und stapeln darauf einige schwere Bücher, damit diese letzten Verklebungen ebenfalls beschwert und erfolgreich gesichert werden.

Nach einer Trocknungszeit von 8 – 10 Stunden nehmen Sie das Buch vom Arbeitstisch. Drücken Sie es mit den Händen fest in den Einbanddeckel und formen es, damit es allseitig die übliche Formgebung eines Buches erhält. Es ist jetzt repariert, wieder voll funktionsfähig und kann wie jedes andere Buch wieder verwendet werden.

Bezugsquellen

Damit Sie die in diesem Buch erwähnten Artikel in einem Fachgeschäft oder im Onlinehandel bestellen können, finden Sie hier die entsprechenden Anschriften.

... und weil es manchmal wichtig ist, zu wissen, von welchem Hersteller diese Artikel kommen, finden Sie hier auch die Fabrikadressen. Von dort werden Sie allerdings keine Produkte erhalten, dafür aber weitere Bezugsadressen erfahren!

Artikel-Bezeichnung	Bezugsadressen															
Produktgruppe	1	2	3	4	5	6	7	8	9	10	11	20	21	22	23	24
■ Glasgravieren			x	x	x	x	x	x				x				x
o Bilderglas/Spiegel							x	x				x				
o Werkzeuge/Geräte	x	x	x	x	x	x	x	x	x	x	x	x	x	x		x
o Vorlagen/Bücher	x	x	x	x	x	x	x	x	x	x	x	x				
■ Glas-Kristallpaste					x		x	x	x	x	x	x			x	x
o Glas-Kristallpaste	x				x	x	x	x	x	x	x	x			x	x
o Universal-Farbkonzentrat	x			x			x	x		x	x	x				
o Schablonen	x	x	x	x	x	x	x	x	x	x	x	x	x	x	x	x
o Schablonen-Haftspray	x	x	x		x	x	x	x	x	x	x	x		x	x	
■ Metall-Oxidation				x	x	x	x	x	x		x	x				x
o Gesso	x	x	x	x	x	x	x	x	x	x	x	x	x	x	x	x
o Stoff- und Textilfestiger	x	x	x	x	x	x	x	x	x	x	x	x	x	x	x	x
o Universal-Haftgrund			x	x	x	x	x	x	x	x	x	x				x
o Eisen-/Metallgrund			x	x	x	x	x	x	x	x	x	x				x
o Eisenpulver	x	x	x	x	x	x	x	x	x	x	x	x	x	x	x	x
o Oxidationsmedien		x	x	x	x	x	x	x	x	x	x	x				x
o Zaponlack	x	x	x	x	x	x	x	x	x	x	x	x				x
o Antioxidations-Mattfinish	x	x	x	x	x	x	x	x	x	x	x	x				x
o Wetterschutzlack			x	x	x	x	x	x	x	x	x	x	x	x	x	x
■ Betongiessen				x	x	x	x	x	x	x	x	x	x	x	x	x
o Beton-Giesspulver	x	x	x	x	x	x	x	x	x	x	x	x	x	x	x	x
o Beton-Art-Liner	x	x	x	x	x	x	x	x	x	x	x	x	x	x		
o Latexliner					x			x								
o Betongiessformen	x	x	x	x	x	x	x	x	x	x	x	x	x	x	x	
o Fliesenformen			x	x	x	x	x	x	x	x	x	x	x	x	x	x
o Fein-Beton	x	x	x	x	x	x	x	x	x	x	x	x	x	x	x	x
o Keramische Giessmasse	x	x	x	x	x	x	x	x	x	x	x	x	x	x	x	x
o Giessmassen-Malgrund	x	x	x	x	x	x	x	x		x	x	x	x	x		x
o Therapie-Plastilin	x	x	x	x	x	x	x	x	x	x	x	x	x	x		x
o Relief-/Bilderwachs			x	x				x		x	x	x				
o Silikon-Abformmasse	x		x	x	x	x	x	x				x	x	x	x	x
■ Modelliermassen							x	x				x				
o Künstler-Plastilin			x			x	x	x	x	x	x	x				
■ Kunstharze				x	x	x	x	x	x			x				
o Glanzglasur	x		x	x	x	x	x	x	x	x	x	x	x	x		x
o Harz-Abtönfarbe			x	x	x	x	x	x		x	x	x				
o Harz-Reiniger	x		x	x	x	x	x	x	x	x	x	x	x	x		
o Beschichten mit Glanzglasur			x	x	x	x	x	x	x	x	x	x				
■ Shabby chic							x	x				x				
o Weissgrund			x			x	x	x	x	x	x	x			x	x
o Impasto			x			x	x	x	x			x				
o Kreidefarben	x	x	x	x	x	x	x	x	x	x	x	x			x	x
o Krakellack	x	x	x	x	x	x	x	x	x	x	x	x	x	x	x	x
o Patinier-Fixativ		x	x	x		x	x	x			x	x			x	x
o Effekt-Patina		x	x	x		x	x	x			x	x			x	x

VERSANDHANDEL

Nr.	Versandhandel		
1	Aduis GmbH	A 6335 Thiersee	info@aduis.com
2	Als Verlag GmbH	D 63128 Dietzenbach	info@als-verlag.de
3	Boesner GmbH	D 58456 Witten-Herdecke	kontakt@boesmer.com
4	buttinette-Textil-Versandh. GmbH	D 86637 Wertingen	servicwe@buttinette.de
5	Rudolf Flume Technik GmbH	D 45127 Essen	info@flume.de
6	Gerstäcker Verlag GmbH	D 53783 Eitorf	info@gerstaecker.com
7	OPITEC Handel GmbH	D 97332 Giebelstadt	info.de@opitec.com
8	Piccolina Kreativ-Versand	D 88069 Tettnang	picco.lina@web.de
9	Prell GmbH	D 92706 Luhe-Wildenau	info@prell-fersand.de
10	Lehrmittel-Service Spaeth	D 73342 Bad Ditzenbach	LMS@LMS.de
11	Winkler Schulbedarf	A 3121 Karlstetten	verkauf@winklerschulgedarf.de

HERSTELLER und Großhändler

Nr.	Hersteller und Großhändler		
	Diese Firmen liefern diese Artikel nicht direkt, sind Ihnen aber gerne mit der Bekanntgabe kompetenter Fachgeschäfte behilflich:		
20	CREARTEC trend-design-gmbh	D 88161 Lindenberg	info@creartec.info
21	Glorex GmbH	D 79618 Rheinfelden	info@glorex.de
22	Glorex AG	CH 4414 Füllingsdorf	info@glorex.ch
23	Rayher Hobby GmbH	D 88471 Laupheim	info@Rayher.com
24	Stafil Austria GmbH	A 8750 Judenburg	info@stafil.at

IHRE Notizen

Buchempfehlungen für Sie

Noch mehr kreative Bücher zum gleichen Thema gesucht?

ISBN 978-3-7724-7812-3

ISBN 978-3-7724-7786-7

ISBN 978-3-7724-7853-6

ISBN 978-3-7724-7603-7

ISBN 978-3-7358-8064-2

ISBN 978-3-7724-7781-2

ISBN 978-3-7358-5160-4

ISBN 978-3-7358-5119-2

ISBN 978-3-7724-4566-8

Noch mehr Kreativ-Bücher finden Sie auf www.TOPP-kreativ.de

Oder wollen Sie mal etwas Neues ausprobieren?

ISBN 978-3-7724-7828-4

ISBN 978-3-7724-7787-4

ISBN 978-3-7724-4786-0

ISBN 978-3-7724-4333-6

ISBN 978-3-7724-3676-5

ISBN 978-3-7724-7577-1

ISBN 978-3-7724-7625-9

ISBN 978-3-7724-5852-1

ISBN 978-3-7358-5154-3

Noch mehr Kreativ-Bücher finden Sie auf www.TOPP-kreativ.de

Immer informiert, immer inspiriert – die ganze Welt von TOPP auch im Netz

Webseite

Die neuesten Trends, die schönsten Kreativbücher und die aktuellsten Informationen auf unserer Webseite. Schauen Sie mal vorbei und stöberen Sie in unserem riesigen Angebot von mehr als 1000 Kreativbüchern, Sets und mehr:

www.TOPP-kreativ.de

Newsletter

Bunt, überraschend und immer aktuell – immer auf dem Laufenden mit unserem Newsletter. Noch heute anmelden und regelmäßig Informationen, Tipps und Neuheiten erhalten:

www.TOPP-kreativ.de/Newsletter

Facebook

Werden Sie Teil unserer Communitys Mitstrickzentrale fürs Handarbeiten und Bastelzentrale für die Themen Basteln, Bauen, Dekorieren & DIY. Sie finden uns unter:

www.facebook.com/Mitstrickzentrale
www.facebook.com/Bastelzentrale

Digitale Bibliothek

Tutorial-Videos, Plotter-Dateien, Vorlagen zum Ausdrucken, Übungsblätter etc.
Zu vielen TOPP-Büchern gibt es digitale Extras. Schauen Sie im Impressum nach (die letzte Seite des Buches): Wenn dort ein Freischaltcode abgedruckt ist, dann besuchen Sie die Digitale Bibliothek auf unserer Webseite, registrieren sich einmalig und schalten Sie Ihre Zusatzmaterialien frei:

www.TOPP-kreativ.de/DigiBib

Instagram

Live dabei mit ständig aktuellen News aus dem frechverlag
Wollen Sie wissen, was bei uns gerade passiert und woran wir arbeiten? Dann folgen Sie uns auf Instagram. Möchten Sie uns an Ihren Kreativprojekten teilhaben lassen? Dann posten Sie doch gleich ein Foto mit dem Hashtag #frechverlag und wir stellen Ihr Werk gerne der Community vor:

www.Instagram.com/frechverlag

Pinterest

Neue Bücher, neue Ideen und die Menschen, die sie machen. Sie sind auf der Jagd nach den neuesten Ideen und aktuellen Trends im DIY-Bereich? All das gibt es auf den Pinnwänden des frechverlags unter:

www.Pinterest.com/frechverlag

Youtube

Ein Video sagt oft mehr als tausend Worte Sie möchten neue Techniken ausprobieren, Autoren kennenlernen oder einmal hinter die Kulissen unserer Buchproduktionen schauen? Dann abonnieren Sie den Kanal des frechverlags unter:

www.YouTube.com/frechverlag

Wer wir sind,
wie wir arbeiten,
was wir lieben …

Folgen Sie uns auf Instagram, Facebook und Pinterest, um mehr über uns und unsere Arbeit zu erfahren und immer mit den neuesten Informationen versorgt zu sein.

Alle News, alle Infos und alle Links finden Sie auf www.TOPP-kreativ.de

IMPRESSUM

Kreativität wurde Klaus-P. Lührs – Jahrgang 1941 – mit in die Wiege gelegt. Während der Vater (Otto) Raketenmotorräder entwickelte und damit Rennen fuhr, befasste sich sein Sohn mit Chemie. In seinem Betrieb entwickelte er fantastische Bastelprodukte wie Keramin oder Colouraplast und begann, Anleitungen und Bücher dazu zu schreiben. Inzwischen gibt es über 40 Fachbücher, darunter Bestseller wie „Formen selbst gemacht", „Einbetten in Kunstharz" und „Enkaustic – Malen mit heißem Wachs", alle erschienen im frechverlag.

Kreativ-Hotline

Haben Sie Fragen oder gibt es ein Problem? Wir helfen Ihnen gern. Rufen Sie uns an oder schreiben Sie eine E-Mail:

Telefon: 0711 / 123 757 20*

*normale Telefongebühren

E-Mail: hilfe@frechverlag.de

Weitere Informationen zum Verlag und zu unserem gesamten Programm finden Sie unter:
www.topp-kreativ.de

FSC® www.fsc.org MIX Papier | Fördert gute Waldnutzung FSC® C118234

Penguin Random House Verlagsgruppe FSC® N001967

Fotos: Klaus-P. Lührs
Produktmanagement: Eva Schrecklinger
Lektorat: Franziska Brilisauer
Herstellung: Katrin Röhlig
Layout: Claudia Adam, Darmstadt
Satz: WS – WerbeService Linke, 76185 Karlsruhe
Druck und Bindung: GPS Group, Österreich

2. Auflage 2024

ISBN: 978-3-7724-4490-6   Best.-Nr. 4490